无公害蔬菜病虫害防治实战丛书

辣（甜）椒疑难杂症图片对照诊断与处方

孙　茜　主编

◆ 中国农业出版社

主　　编　孙　茜

副 主 编　潘文亮　孙德民　孙国栋　翟国英
张金华　冯松魁　啜惠娥　戴东权
梅勤学　赵国芳

编 著 者（以姓氏笔画为序）

王新乐　王建威　王淑荣　孙顺东
纪世东　迟殿良　李　楠　李丽娟
李　鹏　苏其茹　苏武臣　肖红波
吴春柳　陈志勇　杨宝英　邵立侠
徐俊生　徐丽荣　栗梅芳　侯文月
商艳朝　席建英　袁章虎　黄　琏
隋秀霞

序

蔬菜产业是河北省农业三大主导产业之一，其种植效益高，为农民增收作用大。"九五"以来，河北省蔬菜发展迅猛，规模总量居全国第二，产值居种植业之首。广大菜农靠科技种菜发家致富的要求十分迫切，非常需要通俗易懂的图书，以指导选良种、用好肥、施准药，生产出高质量的无公害蔬菜产品，提高市场竞争力，推进蔬菜产业进一步健康快速发展。

蔬菜生产中的病虫害防治非常重要，是提高蔬菜质量水平和产量效益的关键环节。近十多年来，以河北省农业科学院植物保护研究所孙茜为代表的一些植保专家，深入基层，直接指导农民防病治虫，科学用药，为蔬菜产业的发展发挥了重要作用。

孙茜同志，自1995年以来，长年累月在基层钻大棚、进温室，下田间、访农户，查病虫、找药瓶，讲解诊断病虫方法，传授防治病虫技术，成了农民的贴心人，被菜农誉为“蔬菜神医”。她在生产第一线积累了非常丰富的实践经验。好多好多农民多次呼吁：“孙老师：你把给我们讲的这些病虫害症状和防治方法写成书，让我们在种植中对照使用，就更好了！”。

《无公害蔬菜病虫害防治实战丛书》的编辑出版，满足了广大菜农的需求和心愿，必将受到千百万菜农的欢迎，为指导菜农种出好菜、提高收益发挥重要作用。

河北省农业技术推广总站　推广研究员　王振庄

2005年10月

目录

写在前面的话

随着设施蔬菜种植面积的快速发展和引进、发展特菜品种的增多，农民的连茬、重茬种植以及农药和化肥施用的不规范，使得蔬菜生产中病害种类繁多、情况复杂。而且许多农民对蔬菜病害的防治还停留在种植大田作物的理念上。虽然舆论一再强调无公害生产，但是在实际生产中仍存在着如下不容忽视的问题，主要表现在以下几方面。

1. 落后的栽培措施和病虫害防治手段与优良品种种植不相适应。病害防治用药现状乱、混、杂，老菜农凭着老经验，不按照农药的药理、药性施药，随意缩短持效期间隔，任意加大用药量和盲目混用药剂，使得蔬菜长期生长在“治病也致命（残）”的环境里，如图1、图2。

图1　撒在辣椒植株上的白灰粉

图2　蘸花激素造成的畸形辣（甜）椒植株叶片

2. 高价位蔬菜混用药多。在设施蔬菜种植区蔬菜价格越高，菜农保秧护果意识越强，唯恐蔬菜得病。一旦菜田发病则拼命喷药，有时仅仅发生一种病害，也要自主多加几种治疗其他病害的药剂一起预防，使得蔬菜植株像披上一层厚厚的药衣，如图3、图4。

图3 身披厚重药霜的辣（甜）椒植株

图4 辣椒防病大剂量用药田

3. 只注重防病忽略了蔬菜生长的安全性。劣质农药、仿制品或硫黄类混配性农药对蔬菜的刺激性和危害性极大。随着种植结构的改变，传统种植大田作物的农民向蔬菜产业转化，虽然许多新菜农具备了生产硬件如设施棚架、优良种子等，但是其管理、防病技术却仍然很薄弱，甚至是空白。这就给不法农资经销商经营假药、次药以可乘之机。他们以一己之利欺骗（忽悠）半知半懂的新菜农，说某某种药剂多么多么好，多么神奇，加上某种药剂会更好地预防，再加上某某种营养药剂会壮秧，等等。以极不科学的混配用药手段，诱使新菜农多用药、混用药，造成落花落果，药害现象非常普遍。

4. 落后的病虫害防治理念与无公害蔬菜生产标准不相适应。就蔬菜病害预防来说，菜农对于无公害生产要求一般还能遵守，在流行性病害大发生时，无公害防治就仅仅剩下一个概念。发病用药的心情和执行无公害生产标准用药的约束相矛盾。其中被农药商所左右的菜农占多数。农民往往是什么药好使、什么药劲儿（毒）大，就用什么药。蔬菜生产允许的农药残留标准难以实现。

5. 缺素症和肥害与病毒病混为一谈——滥用药。菜农缺乏病虫害防治的基本知识，存在一些不正确的用药方法，如图5。

正是由于这些现象使得蔬菜病、虫、草、药、盐害发生日益严重，尤其是保护地设施栽培的蔬菜。随着季节栽培的传统模式被打破，反季节栽培蔬菜大面积的增长，使各种病害发生的症状随着季节差异、气候差异和用药混乱而不典型，以致难以辨认。

图5 激素造成疑似病毒病的畸形辣（甜）椒植株叶片

我们在生产实践中对菜农进行病害咨询、指导和培训中，直接面对上述问题，经历了从单一病害的识别、农业措施防治及农药补救的较专业化的辅导，到将复杂的病、虫、草、药、寒、盐、冻、涝害等植株症状区别普及化和植保技术简单系列化、方案化（处方化）的指导历程。总结我们的经验和归纳相关知识后，再用农民的语言辅导农民，取得了良好的效果。为了帮助菜农走出混乱用药和高成本投入的误区，达到低残留、无污染和无公害生产蔬菜的目的，我们编写了这本小册子。愿这本图书的出版能为菜农朋友们提供病虫害防治技能上的帮助。图6～图9为辣椒病害防治大处方指导下的辣（甜）椒丰收景象。

图6 无公害蔬菜病虫害防治大处方指导下生产的辣椒果实

图7　无公害蔬菜病虫害防治大处方指导下生长的辣椒植株

图8　无公害蔬菜病虫害防治大处方指导下生长的棚室甜椒

图9　无公害蔬菜病虫害防治大处方指导下生长的拱棚栽培的甜椒

一、辣(甜)椒病害的诊断

（一）田间病害诊断应考虑的因素

蔬菜病害田间诊断是一项农业综合技能的体现。科研与推广人员的诊断区别在于前者可以取样返回实验室培养、分离镜检后再下结论。它的准确率高，防治方案正确，但需要时间较长，与生产要求不相适应。田间的诊断则不一样，必须在第一时间内初步判断症状的因由范围，即刻给出初步的救治方案，然后再根据实验室分析鉴定修正防治方案。因此，判断是否病、虫、药、肥、寒、热害等症状应注意如下程序和因素。

1. 观察：观察应从局部叶片到整株观察，还要看病症植株所处保护地棚室的位置、栽培方式、栽培习惯等。看一个棚室可能看到一种症状、一种现象。观察几个乃至十几个棚室则能发现一种规律。这里有自然的、有人为的。

2. 追询：土壤环境状态、连茬情况以及上茬作物、除草剂使用情况及品种类型、剂量、存放地点、相邻作物种类等。分析一种病症时要考虑菜农的栽培史，调查连茬年数，及上茬种植作物情况。往往因连年种植同一作物重茬致使某些病害大发生，或者土壤有机肥严重不足，大量化肥施入底肥、追肥而造成土壤盐渍化，植株生长呈现缺素症状，如图10。

图10　土壤追施大量化肥造成的盐渍化烧根现象

3．了解：摸清所种作物品种特征、特性；如耐寒、耐热、敏感性等，看其是否适合当地季节、气候种植。随着国内外特菜、优秀生食辣（甜）椒品种的引进、推广，各品种的抗高温性、耐热性及耐寒性等也不尽相同。了解品种对环境的要求，对判断病害很有帮助。如图 11、图 12。

图 11　引进的瑞士红英达甜椒

图 12　引进的彩椒品种黄贵人

4．收集：菜农使用农药的习惯、种植期使用农药史，所用药剂的包装袋和成份说明，以及存放药品的地点都是调查了解的范围。由于一些菜农预防病害大多 3～4 种农药混于一桶水（一喷雾器）中，将杀菌剂 2～3 种、杀虫剂、生长调节剂等多种农药混用，假、劣农药也充斥其中，三至五天喷一次，蔬菜生存、生长受到抑制。因此，诊断时一定收集排查菜农用过的药袋子（如图 13）。

图 13　收集菜农用过的药袋子作为诊断依据

5．求证：求证土壤施用基肥、追肥、冲施肥的使用情况，单位面积用量及氮、磷、钾及微肥有效含量、生产厂商及施肥习惯等（如图14）。由于常年种植高产作物，人们往往是有机肥不足化肥补。生产中常有将未腐熟好的鸡粪干、生畜粪直接施到田间造成有害气体熏蒸危害。冲施肥不是均匀撒在垄中而是在入水口随水冲进畦里，造成烧根黄化以及盐渍化现象。

图14 菜农配制冲施肥泥丁桶中的过程

6. 天气：了解所在地所在季节气候对诊断很重要。内容包括温度、湿度、自然灾害情况的气象记录。突发性的病症与气候有直接的关系。如：下雪、大雾、连阴天、多雨季节、霜冻的突然降至、水淹等在诊断时都应该充分考虑到（图15）。

图15 冬季要考虑天气的因素

7. 人为：在诊断中人为破坏也是应考虑的因素。现实中发生过由于经济利益或家族矛盾而出现人为破坏喷施激素甚至除草剂的现象。

8. 取样：采取病害标本带给研究部门分离、分析鉴定。

（二）田间病害诊断应涉及的范围

在生产中经常遇到不同专业的科技人员对同一病症的诊断得出不同的结

论。一种现象会有许多结论或救治方法。有时受着学科限制对其病症给予单一方面的解释。在自然环境中，栽培种植方式、管理方式、防病用药手段、天气、肥料等各种因素综合作用的复杂环境里，诊断病症应涉及如下范围，诊断中可以逐步排除。

首先应判断是病害？还是虫害？或是生理性病害？

（1）由病原寄生物侵染引起的植物不正常生长和发育受到干扰破坏所表现的病态，常有发病中心，由点到面 …………………………………… 病害

a．蔬菜遭到病菌寄生侵染，植株感病部位生有霉状物、菌丝体并产生病斑 …………………………………………… 真菌病害

b．蔬菜感病后组织解体腐烂、溢出菌脓，有臭味 …………………………………………………………… 细菌病害

c．蔬菜感病后引起畸形、丛簇、矮化、花叶皱缩等并有传染扩散现象 ………………………………………………… 病毒病害

（2）有害昆虫如蚜虫、棉铃虫等啃食、刺吸。咀嚼蔬菜引起的植株非正常生长和伤害现象。无病原物，有虫体可见 ………………………… 虫害

（3）受不良生长环境限制以及天气、种植习惯、管理不当等因素影响蔬菜局部或整株或成片发生的异常现象无虫体、病原物可见 ………………………………………………………… 生理性病害

①因过量施用农药或误施、飘移、残留等因素对蔬菜造成的生长异常、枯死、畸形现象 …………………………………………… 药害

a．因施用含有对蔬菜花、果实有刺激作用成分的杀菌剂造成的落花落果以及过量药剂所产生植株及叶片异形现象 ……………………………………………………………… 杀菌剂药害

b．因过量和多种杀虫剂混配喷施蔬菜所产生的烧叶、白斑等现象 ………………………………………………… 杀虫剂药害

c．除草剂超量使用造成土壤残留，下茬受害黄化、抑制生长等现象，以及喷施除草剂飘移造成的近邻蔬菜受害畸形现象 ……………………………………………………… 除草剂药害

d．因气温、浓度的过高、过量或喷施不适当造成植株异形、畸形果、裂果、僵化叶等现象 …………………… 激素药害

②因偏施化肥，造成土壤盐渍化，或缺素造成的植株烧灼、枯萎、黄叶、化果等现象 …………………………………………… 肥害

a．施肥不足，脱肥，或过量施入单一肥料造成某些元素固定缺乏微量元素现象 ………………………………………… 缺素症

b．过量施入某种化肥或微肥，或环境污染造成的某种元素中毒 ………………………………………………………… 中毒症

③因天气的变化、突发性天灾造成的危害 ……………… 天气灾害

a．冬季持续低温对蔬菜生长造成的低温障碍 …………… 寒害

b．突然降温、霜冻造成的危害 …………………………… 冻害

c．因持续高温对不耐热蔬菜造成的高温障碍 …………… 热害

d．阴雨放晴后的超高温强光下枝叶灼伤 ………………… 烫伤

e．暴雨、水灾植株泡淹造成的危害 ……………………… 淹害

二、辣(甜)椒病害典型与非典型、疑似病症的诊断与救治

许多菜农告诉我们,他们在种植中发生的病害症状并不是很典型,待症状典型了，救治已经非常被动了。损失在所难免。他们往往在发病初期的病症甄别上举棋不定，用药时就会许多药掺和在一起喷，以求多效广防保住苗秧，常常是事与愿违，花钱多效果差。如果掌握了识别病症的技巧,辨别了病害种类,就会变被动防治为针对性治疗。既争取了时间，又节省了成本。下面介绍辣（甜）椒主要病害的典型、非典型及疑似病症的诊断与救治方法。

◆猝倒病

【典型症状】 猝倒病主要发生在辣（甜）椒苗期。幼苗感病后在茎基部呈水浸状软腐倒伏，即猝倒，如图16。椒苗初感病时秧苗呈暗绿色，感病部位逐渐缢缩如图17，病苗折倒坏死。染病后期茎基部变成黄褐色干枯呈线状，如图18。

图16 育苗盘上幼苗感染猝倒病的现象

图 17　病苗初期暗绿，病部缢缩

图 18　染病椒苗茎基部黄褐色干枯呈线状

【非典型症状】 病苗虽水浸状，但没有猝倒，病茎黑褐色延伸至根部，如图19。这是因为控制浇水后，病部干枯变黑所至，容易与根腐病混淆，实际此症仍是猝倒病害，应按照猝倒病防治。

图 19　病茎变黑不折倒的猝倒病秧苗

【疑似症状】

1. 病苗萎蔫倒伏，疑似猝倒病。但茎秆没有水浸状病斑和霉菌层，如图20。拔除病苗可以发现秧苗根

图20　营养土施入化肥过量造成的烧根死苗现象

图21　疑似猝倒病的甜椒茎基腐病植株

系发黄，有烧根现象。应该考虑在配制营养土时，施入过量化肥烧灼所至。

2．秧苗茎秆基部变黑褐色，疑似猝倒。但是茎秆没有水浸状，病部虽然变黑，但秧苗不折倒，不萎蔫，又与猝倒病有所区别，应为辣（甜）椒茎基腐病，如图21。

【发病原因】 病菌主要以卵孢子在土壤表层越冬。条件适宜时产生孢子囊释放出游动孢子侵染幼苗。通过雨水、浇水和病土传播，带菌肥料也可传病。低温高湿条件下容易发病，土温10～13℃，气温15～16℃病害易流行发生。播种、移栽或苗期浇大水，又遇连阴天低温环境发病重。

【救治方法】

选用抗病品种： 如甜椒红英达、新梦德、冀研4号系列等品种。

生物防治： 清园，切断越冬病残体组织，用大田土和腐熟的有机肥配制育苗营养土，如图22。严格限制化肥用量，避免烧苗。或采用配制好的营养块育苗方法，如图23。合理分苗，密植、控制湿度、浇水是关键。降低棚室湿度。苗床土注意消毒及药剂处理。

药剂救治： ①种子药剂包衣。选2.5%适乐时悬浮剂10毫升+35%金普隆2毫升，对水150～200毫升包衣4千克种子，可有效地预防苗期猝倒病和其他苗期病害。②苗床土药剂处理：取大田土与腐熟的有机肥按6∶4混匀，并按每50千克苗床土加入68%金雷水分散粒剂20克和2.5%适乐时悬浮剂10毫升拌土一起过筛混匀。用这样的土装入营养钵或做苗床土表土铺在育苗畦上，如图24。③药剂淋灌：救治可

图22 营养土的配制及药土配制

图23 营养块育苗的甜椒

选择68%金雷水分散粒剂500～600倍液（折合每100克药对3～4桶水），或72%克抗灵、霜疫清可湿性粉剂700倍液，或64%杀毒矾可湿性粉剂500倍液，或69%安克可湿性粉剂600倍液，或72.2%普力克水剂800倍液等对秧苗进行淋灌或喷淋。

图24 药剂处理过的营养土育苗

◆ 疫病

【典型症状】 辣椒疫病是辣椒全生育期均可以感染的病害。辣、甜椒普遍感病，茎秆、果实、叶片都能感病。感病后茎秆节间处或根基部呈黑褐色腐烂状，如图25，图26，干枯茎秆长出白色霉状物，如图27。幼苗感病干枯死亡常称为茎基腐病，棚室或天气湿度大时感病根部表面会长出少量稀疏白色霉层，如图28。叶片染病，从叶边缘开始，初期有不定形水浸状暗绿色或黄绿色直至暗褐色大块病斑，如图29。病重时叶片腐烂整株枯死，如图30。果实感病大多从果蒂开始，初期呈水浸状不规则暗绿软果，如图31，后期果实呈褐、绿色水浸状圆形大病斑，如图32。

图25 感病后茎秆节间部位呈黑褐色病变

图26 根基部呈黑褐色腐烂症状

图 27　干枯茎秆长出白色霉状物

图28　湿度大时感病部位表面长出少量稀疏白色霉层

图 29　感染疫病的辣椒叶片

图 30　重症下的发病情景

图 31　感染疫病水浸状的辣椒

图 32　重症下的褐变辣椒

【非典型症状】 叶片萎蔫，甚至整个植株萎蔫，如图33。但是茎秆呈黑褐色病变干枯，如图34，病斑的不典型常使防治时举棋不定。这是因菜农多种药剂混用喷施或施用过量氮肥和氮素冲施肥造成的不典型疫病症状。此症除表现不规则疫病病症外，还表现出大剂量施用药剂后致使辣（甜）椒花蕾脱落、叶片僵化的症状。

图33 不典型的甜椒疫病症状，整株萎蔫

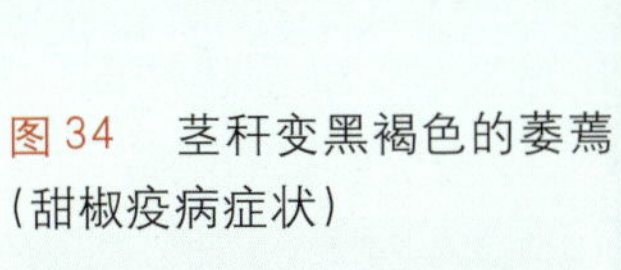

图34 茎秆变黑褐色的萎蔫（甜椒疫病症状）

【发病原因】 病菌主要以卵孢子、厚垣孢子在病残体或土壤中越冬。由于北方设施棚室保温条件的增强，辣（甜）椒可以安全越冬栽培，病菌可以周年侵染，借助雨水、灌溉水传播。发病适宜温度25～30℃，相对湿度高于85%时极易发病。保护地棚室内空气湿度大、浇水过量、叶面有水珠或露水是病菌萌发侵入的有利条件。定植过密，通风、透光性差，排水不良，积水地块发病重且病害流行快。

【救治方法】

选用抗病品种： 可选种天鹰椒1号、天鹰椒2号系列、红英达、方舟、冀研4号、冀研6号、冀研7号等品种。

生物防治： 清洁菜园，切断越冬病残体组织，合理密植，高垄栽培，注意排水，控制湿度是关键。设施栽培的辣（甜）椒应采用膜下渗浇小水或滴灌，节水保温，以利降低棚室湿度。清晨尽可能早的放风，即放湿气，尽快进行湿度置换，增加通风透光性能。氮、磷、钾均衡施用，育苗时苗床土注意消毒及药剂处理。

药剂救治：预防为主，移栽棚室缓苗后可参考采用病害防治大处方（看第八部分）。预防可采用70%达科宁可湿性粉剂600倍液（100克药/4桶水），或25%阿米西达悬浮剂1 500倍液，或80%大生可湿性粉剂500倍。发现中心病株后立即全面喷药，并及时清楚病叶带出棚外烧毁。救治可选择68%金雷水分散粒剂500～600倍（折合100克药/3～4桶水）、或25%悬浮剂1500倍液，或72%克抗灵、或霜霉疫净、霜疫清可湿性粉剂700倍，或64%杀毒钒可湿性粉剂500倍液，或69%安克可湿性粉剂600倍液或72.2%普力克水剂800倍液等喷施。

灰霉病

【典型症状】 灰霉病主要为害幼果和叶片，如图35。病菌从张开的雌花的花瓣侵入，花瓣腐烂，果蒂顶端开始发病，果蒂感病向内扩展，致使感病果呈灰白色，软腐，长出大量灰绿色霉菌层，如图36。

图35 感染灰霉病的甜椒幼果

图36 灰霉病幼果感病后期的灰霉层

【发病原因】 灰霉病菌以菌核或菌丝体、分生孢子在病残体上越冬。病原菌属于弱寄生菌，从伤口、衰老的器官和花器侵入。柱头是容易感病的部位，致使果实感病软腐。花期是灰霉病侵染高峰期。借气流传播和农事操作传带进行再侵染。适宜发病气温18～23℃，湿度90%以上、低温高湿、弱光有利于发病。大水漫灌又遇连阴天是诱发灰霉病的最主要因素。密度过大，放风不及时，氮肥过量造成碱性土壤缺钙，植株生长衰弱均利于灰霉病的发生和扩散。

【救治方法】

生态防治：保护地棚室要高畦覆地膜栽培，如图37，地膜下渗浇小水，如图38。有条件的可以考虑采用滴灌措施，节水控湿。加强通风透光，尤其是阴天除要注意保温外，严格控制灌水，严防浇水过量。早春将上午放风改为清晨短时放湿气，清晨尽可能早的放风，尽快进行湿度置换，尽快降湿提温有利于辣椒生长。及时清理病残体，摘除病果、病叶和侧枝集中消毁和深埋。合理密植、高垄栽培、控制湿度是关键。氮、磷、钾均衡施用，育苗时苗床土注意消毒及药剂处理。

药剂救治：因辣（甜）椒灰霉病是花期侵染，预防用药时机一定要掌握在辣（甜）椒开花时开始。最好采用辣（甜）椒一生病害防治大处方进行整体预防（大处方参看第八部分）。药剂可选用25%阿米西达悬浮剂1 500倍液或75%达科宁可湿性粉剂600倍液喷施预防，或选用45%特克多悬浮剂800倍液，或50%农利灵干悬浮剂1 000倍液，或40%施佳乐悬浮剂1 200倍液，或50%多霉清可湿性粉剂800倍液，或50%扑海因可湿性粉剂500倍液，或50%利霉康可湿性粉剂1 000倍液等喷雾。

图37 高垄栽培的辣（甜）椒种植模式

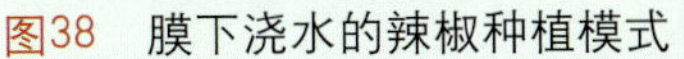

图38 膜下浇水的辣椒种植模式

◆ 病毒病

近些年来在保护地种植的辣（甜）椒病毒病的发生已经得到初步控制。这与设施栽培、生态防治有很大的关系。但是在露地栽培、秋延后保护地栽培中，防治传毒媒介仍是防治病毒病的重中之重。

【典型症状】 病毒病的感病症状有：花叶、黄化、坏死、畸形等多种病型症状。生产中常见的主要有花叶图39、出现病症时，叶片叶脉稍透明，叶色深浅不一，形成斑驳花叶，但植株没有明显畸形或矮化，如图40。重症时叶片除有斑驳花叶外，叶片凹凸不平，皱缩畸形，如图41，植株生长缓慢严重矮化，如图42。黄花症状的感病叶片明显变黄，容易出现落叶落花现象，如图43。坏死症：植株叶片或枝条组织出现坏死斑，如图44。畸形症：植株整株变形，叶片变成线形蕨叶，植株矮小分支多，如图45。果实有坏死条纹和畸形果，如图46。有些感病植株的症状是复合发生，一株多症的现象很普遍，如图47。

图39　病毒花叶症状

图40　轻型斑驳花叶症

图41　重型皱缩畸形花叶症

图 42　染病毒植株矮化症

图 43　黄化花叶症

图 44　坏死斑驳病毒症

图 45　叶片蕨叶变形症

图 46　果实畸形、坏死斑症

图 47　一株多症复合现象

【疑似症状】 在现实生产中我们会遇到非常多的类似病毒病的药害症状与病毒病症状相混淆，也是菜农经常误诊无辜乱用农药造成损失的误区。

1．辣（甜）椒生产中常有菜农喷施保花防落药剂的习惯。药剂都是激素药剂帮助辣（甜）椒起到防落保花作用，殊不知防落剂在延缓生长稳定花蕾的作用在操作时喷到或因气温高熏蒸到幼嫩的生长点和嫩叶时会起到抑制生长的作用，叶肉细胞生长受到限制，叶脉的伸长与叶肉细胞生长不同步形成农民常说的“小叶病”误诊为病毒病，如图48。在区别此类病症时首先查看上部枝叶与下部叶片是否一致，整个植株长势是否与周围植株相同，没有矮化现象。病毒病的发生是零星单棵不会成片。药害的症状会因上部着药和普遍蘸花而使植株上部叶片阶段性的发生僵化蕨叶，连片普遍发生。而植株中下部位的枝叶完好无损。

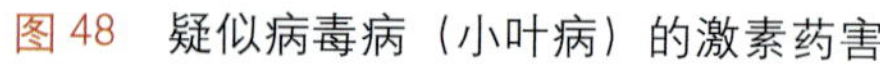

图48　疑似病毒病（小叶病）的激素药害

图49　疑似病毒病的机械喷药漏药淋施造成的黄化植株

2．露地种植辣椒整体生长状况良好，只是沿水沟渠道或作业路线的辣椒植株有黄化现象，如图49。叶片没有斑驳花叶症和皱缩，只有整株黄化现象，并不矮化。看似病毒病，但查看现场，询问其施药方法和作业路线以及上茬作物，确认是因机械化施药，喷雾机大量漏药造成药害性黄化所致。

【发病原因】 病毒是不能在病残体上越冬的。其只能靠冬季尚还生存、种植的蔬菜、多年生杂草、蔬菜种株做寄主存活越冬。来年又在存活寄主上依靠虫传和接触及伤口传播，通过整枝打叉等农事活动传染。蚜虫取食传播，是病害发展蔓延的主要传毒渠道。高温干旱适合病毒病发生增殖，有利于蚜虫繁殖和传毒。管理粗放，田间杂草丛生和紧邻十字花科留种田的地块发病重。防治病毒病铲除传毒媒介是非常关键中的关键。

【救治方法】

生态防治：①彻底产出田间杂草和周围越冬存活的蔬菜老根，尽量远离十字花科制种田。②引进选用较抗病或耐病品种，如新蒙德甜椒、红罗丹、方舟、冀研4号、冀研7号、天鹰椒1号、天鹰椒2号等。③增施有机肥，培育大龄苗、粗壮苗，加强中耕，及时灭蚜增强植株本身的抗病毒能力是关键。④秋延后种植，除要适当晚播避开蚜虫迁飞时间外，最好在育苗时加护防虫网，采用“两网一膜”（防虫网、遮阳网、棚膜）来降低棚温和阻隔蚜虫、白粉虱、蓟马的为害，如图50，加防虫网是设施蔬菜棚室最有效阻隔传毒媒介的措施，如图51。没有条件的可采用小规模的小拱棚防虫网，如图52，利用蚜虫驱避性可采用银灰膜避蚜。⑤露地种植，可以采用间作套种，适当播一些高秆作物

图50 加防虫网的“两网一膜”的设施育苗棚

图51 加上防虫网阻断蚜虫为害传毒的大棚

图52 农户育苗防虫用的小拱棚防虫网

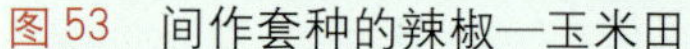
图 53　间作套种的辣椒—玉米田

图 54　采用黄板诱蚜的大棚

遮阴降温，如图 53，与玉米套种。⑥利用生物趋避作用，悬挂黄板诱蚜，如图 54。

药剂防治：①种子处理：用 10% 磷酸三钠浸种 30 分钟，而后清水冲洗催芽播种。②灌根用药：用强内吸剂 25%阿克泰可分散粒剂一次性防治，持效期可长达 25～30 天。方法是在移栽前 2～3 天，用阿克泰 1 500～2 500 倍液（或 1 喷雾器水加 6～8 克药）喷淋幼苗，如图 55，使药液除喷叶片以外还要渗透到土壤中。平均每平方米苗床喷药液 2 千克左右，如图 56（或 1 喷雾器水加 2 克药喷淋 100 株幼苗）有很好的治虫预防病毒病作用。③喷施用药：可选用 25% 阿克泰水分散粒剂 2 500～5 000 倍液，或 10%吡虫啉可湿性粉剂 1 000 倍液，或 10%抗虱丁可湿性粉剂 1 000 倍液或 2.5%绿色功夫水剂 1 500 倍液灭蚜，苗期可选用 20%病毒 A 可湿性粉剂 500 倍液，或 1.5% 植病灵乳油 1 000 倍液，等进行喷施有一定的抑制作用。

图 55　幼苗淋灌施药方式

图 56 喷壶浇灌用药方式

炭疽病

【典型症状】 辣（甜）椒炭疽病主要侵染叶片、幼果，苗期到成株期均可发生。炭疽病典型病斑为圆形初呈浅灰色，如图 57。幼苗期发病，近地面部位变黄褐色，病斑逐渐凹陷，致使幼苗折倒，如图 58。甜椒生长期棚室高湿条件下病果病斑呈圆形，稍凹陷初期浅绿色后期暗褐色，病斑表面有粉红色黏稠物，如图 59。辣椒病果初为褪绿色水浸状斑点，后变成褐色，斑点中间淡灰色，呈近圆形轮纹斑，如图 60。重症后期病果感病处黑褐色干枯，如图 61。

图 57 初感炭疽病的辣椒叶片

图 58 呈浅灰色重症炭疽病病斑的叶片

图 59　甜椒炭疽病病果呈黄褐色轮纹病斑

图 60　辣椒果炭疽病后期症状

图61　重症炭疽病病果黑褐色干枯

【疑似症状】

病斑为浅灰色圆形，绕茎。初染病时叶片呈现水浸状圆斑，病斑中心呈浅灰色，大块病斑逐渐现出褐色晕圈，只是比炭疽病病斑感染面积稍大，颜色一直呈浅灰色，如图62，扩展后病斑连片导致植株萎蔫。感病初期极易与炭疽病混淆，后期长出白色霉菌后才能与炭疽病区别。该病应为菌核病。防治时应按照菌核病的防治方案进行。

图 62　疑似炭疽病的菌核病症状

【发病原因】

病菌以菌丝体或拟菌核随病残体或在种子上越冬，借雨水传播。发病适宜温度27℃，湿度越大发病越重。棚室温度高、多雨或浇大水、排水不良、种植密度大、氮肥过量的生长环境病害发生重，易流行。植株生长衰弱发病严重。一般春季保护地种植后期发病几率高，流行速度快。管理粗放也是病害流行造成损失的主要因素，应引起高度重视，提早预防。

【救治方法】

选用抗病品种：使用抗病品种是既抗病又节约生产成本的根本办法。品种有天鹰椒系列、长丰甜椒、冀椒1号系列、红英达等较抗病。

生态防治：重病地块轮作倒茬。可以与葫芦科或豆科蔬菜进行2～3年的轮作。加强棚室管理，通风放湿气。设施栽培建议地膜覆盖或滴灌，可降低湿度减少发病机会，如图63。晴天进行农事操作，避免阴天整枝、采收等，减少人为传染病害的机会。

种子包衣防病：选用2.5%适乐时悬浮种衣剂10毫升加35%金普隆乳化种衣剂2毫升，对水150～200毫升可包衣4千克种子，进行种子灭菌消毒。

温汤浸种：55～60℃恒温浸种15分钟，或75%达科宁可湿性粉剂500倍液浸种30分钟后冲洗干净催芽，均有良好的杀菌效果。

图63　设置滴灌设备的甜椒种植方式

苗床土消毒：减少侵染源，可参照疫病苗床土消毒配方方法。

药剂防治：建议采用辣（甜）椒整体病害防治大处方进行整体预防为好。因病害有潜伏期，发病后防不胜防。采取25%阿米西达悬浮剂1 500倍液预防会有非常好的效果，也可选用75%达科宁可湿性粉剂600倍液，或10%世高水分散粒剂1 500倍液，或80%大生可湿性粉剂600倍液，或2%加收米水剂600倍液，或70%甲基托布津可湿性粉剂500倍液，或70%品润干悬浮剂600倍液，或25%凯润乳油1 500倍液，或6%乐比耕可湿性粉剂1 500倍液等喷雾，7～10天防治一次。

◆ 白粉病

【典型症状】 辣（甜）椒全生育期均可以感染白粉病。主要感染叶片，如图64。发病重时感染枝干和茎。发病初期主要在叶面或叶背产生白色圆形霉状物呈粉斑点状，如图65，从下部叶片先开始染病，逐渐向上发展。严重感染后叶面会有一层白色霉层，如图66，图67。发病后期感病部位白色霉层呈灰褐色，叶片发黄坏死，如图68。

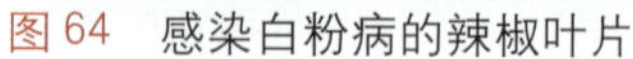

图64 感染白粉病的辣椒叶片

图65 叶背面白色霉状物呈粉斑状

图 66　辣椒感染白粉病的田间为害状

图 67　甜椒感染白粉病的田间为害状

图68　辣椒白粉病叶片正面发黄坏死

【疑似症状】

植株叶片发黄，叶表面因喷施大量农药粉剂而附有一层药粉与病菌易混淆疑似白粉病，如图69。查看田间整体植株，叶片并没有白色霉状物，发病黄化的现象与机械化施药有关，排除病害，应与药害有关。

【发病原因】 病菌以闭囊壳随病残体在土壤中越冬，有越冬作物栽培的棚室病菌可在棚室内作物上越冬，借气流、雨水和浇水传播。温暖潮湿、干燥无常的种植环境，阴雨天气及密植、窝风环境易发病和流行。大水漫灌，湿度大，肥力不足，植株生长后期衰弱发病严重。

图 69　疑似白粉病的辣椒施药黄化药害症

【救治方法】

生态防治：引用抗白粉病的优良品种，一般引进的品种有黄贵人、紫贵人、红罗丹等，辣椒品种有山鹰椒系列、冀研6号、冀研7号等系列较抗病。

适当增施生物菌肥和磷、钾肥，加强田间管理，降低湿度，增强通风透光，收获后及时清除病残体，并进行土壤消毒。棚室应及时进行硫黄熏蒸灭菌和地表药剂处理。

药剂防治：建议采用辣椒整体病害防治大处方进行预防为好。采取25%阿米西达悬浮剂1 500倍液预防会有非常好的效果。也可选用75%达科宁可湿性粉剂600倍液，或10%世高水分散粒剂2 500～3 000倍液，或80%大生可湿性粉剂600倍液，或43%菌力克悬浮剂3 000倍液，或70%品润干悬浮剂600倍液，或2%加收米水剂400倍液，或6%乐比耕可湿性粉剂1 500倍液等喷雾。

◆ 菌核病

【典型症状】 辣（甜）椒菌核病在重茬地、老菜区发生比新菜区要严重。辣（甜）椒整个生长期均可以发病。成株期发病较多，各个部位均有感病现象，先从主干茎基部或侧根侵染，呈褐色水浸状凹陷，如图70。主干病茎表面易破裂，湿度大时，皮层霉烂。根部感病后，在潮湿条件下长有稀疏白色霉层，如图71。叶片染病呈水浸状大块病斑，偶有轮纹，易脱落，感病后期病部凹陷，斑面长出白色菌丝体，后形成菌核。

图70 甜椒植株感染菌核病茎秆变黑

【发病原因】 病菌主要以菌核在田间或棚室保护地中或混杂在种子里越冬。春天子囊孢子随气流由伤口、叶孔侵入，也可由萌发的子囊孢子芽管穿过叶片表皮细胞间隙直接侵入。适宜发病温度为16～20℃，早春低温高湿、连阴天、多雾天气发病重。

图71 茎秆病变褐色缢缩，长出白色絮状菌丝

【救治方法】

生物防治：①保护地栽培应覆盖地膜，阻止病菌出土，尽早排湿、保温，摘除老叶，净化生长环境。②土壤表面进行药剂处理，每100千克土加入2.5%适乐时悬浮剂10毫升和68%金雷水分散粒剂20克拌均匀撒在育苗床上。③及时清理病残体集中烧毁。

药剂救治：最好采用辣（甜）椒一生病害防治大处方进行整体预防，这样做成本低效益高（大处方参见第八部分）。药剂可选用25%阿米西达悬浮剂1 500倍液，或75%达科宁可湿性粉剂600倍液喷施预防，或选用10%世高水分散粒剂800倍液，或45%特克多悬浮剂800倍液，或50%农利灵干悬浮剂1 000倍液，或40%施佳乐悬浮剂1 200倍液，或50%扑海因可湿性粉剂600倍液，或50%多霉清可湿性粉剂800倍液，或66.8%霉多克可湿性粉剂600倍液，或50%利霉康可湿性粉剂800倍液喷雾。

◆ 叶枯病

【典型症状】 辣椒叶枯病又称斑枯病。主要为害叶片、叶柄和果实。感病叶片初期在叶背面生出水浸状小圆斑或近似圆斑，边缘深褐色，病斑中心略凹陷，呈灰白色，如图72。重症时整株叶片脱落，如图73。

【发病原因】 辣（甜）椒叶枯病病菌以菌丝和分生孢子器在病残体、多年生茄科杂草上或附着在种子上越冬。借风雨或靠雨水反溅传播。从气孔

图 72　感染叶枯病的辣椒叶片

图 73　感染叶枯病的辣椒落叶植株

侵入，发病适温为 22～26℃，湿度接近饱和、多雨季节发病重。未腐熟的有机肥或旧苗床、种植密度大、氮肥过量、田间积水易发病。

【救治方法】 参见菌核病救治方法。

◆ 褐斑病

【典型症状】 褐斑病常发生在辣（甜）椒生长中后期，主要为害叶片。染病初期叶片呈水浸状褐色小斑点，如图 74，病斑颜色较鲜亮，逐渐扩展成不规则深褐色病斑，病斑中央呈黑褐色亮斑，如图 75，并在周围伴有一条轮纹宽带，严重时病斑连片，导致叶片脱落。

图 74　辣（甜）椒褐斑病初期病斑

图 75　辣椒褐斑病黑褐色亮斑

【疑似症状】 病斑圆形或不规则水浸状斑点，黑绿色至黄褐色，这些有时容易与褐斑病混淆，但是该病斑有不规则隆起呈疮痂状，如图76，重症时茎秆有纵裂现象，这是疮痂病与褐斑病的区别。

图76 疑似褐斑病的疮痂病辣椒叶片

【发病原因】 病菌以菌丝体或菌丝块随病残体或病叶上越冬，借风雨传播，从伤口或气孔侵入，高温高湿条件下发病严重。春季保护地辣（甜）椒生长后期和雨季到来时节有利于病害流行。

【救治方法】

生物防治：①实行轮作倒茬。②地膜覆盖栽培可有效减少初侵染源。③清除病残体及落叶。④适量浇水，雨后及时排水。⑤后期打掉老叶，加强通风。⑥合理增施钾肥、锌肥，注意补镁补钙。

药剂救治：建议采用辣（甜）椒一生病害防治大处方进行整体预防，这样成本低效益高。病害有潜伏期，防治应尽早进行。采取25%阿米西达悬浮剂1 500倍液预防会有非常好的效果，也可选用75%达科宁可湿性粉剂600倍液，或10%世高水分散粒剂1 500倍液，或80%大生可湿性粉剂600倍液，或70%品润干悬浮剂600倍液，或50%利霉康500倍液，或50%灰美佳可湿性粉剂500倍液等喷雾。

◆ 疮痂病

【典型症状】 病菌侵染幼苗、茎秆、叶片至幼果均可感染疮痂病。病菌通过植株的输导组织韧皮部和髓部进行传导和扩展，在叶片上形成灰白色至灰褐色病斑，如图77。剖开茎秆可见茎内褐变，向上下两边扩展。感病后期茎秆基部皮层腐烂，如图78。秆内中空病斑下陷或纵开裂，如图79。潮湿条件下病茎和叶柄会有溢出菌脓，重症时全株枯死。植株上部呈萎蔫青枯状，如图80。叶片染病病斑边缘褪绿，病斑圆形或不规则水浸状，黑绿色

图 77 感染疮痂病的辣椒叶片

图 78 疮痂病茎秆基部皮层腐烂

图 79 疮痂病茎秆病斑下陷或纵裂

图 80 感染疮痂病植株上部呈萎蔫青枯状

图 81 疮痂病病果隆起的白色圆点疱斑

图 82 感染疮痂病植株叶片脱落

至黄褐色。果实染病可见果面隆起的白色圆点，如图81。病斑融合连在一起可形成较大斑点，引起叶片脱落，如图82。凸起带轮纹病斑是诊断辣（甜）椒疮痂病的典型症状。不同的季节和栽培条件下疮痂病的发生症状不尽相同。早春移栽及整枝打杈和高湿环境会造成枝茎和叶片感病。夏播多雨季节，有喷灌的大棚和温室，果实易感病；该病在近年来国外引进品种时有发生。

【疑似症状】 易与褐斑病病相混淆，褐斑病叶片呈现不规则褐色斑，病斑中心浅灰色，病果长势不均匀，如图83。区别在于疮痂病病果是病斑长在果实表面凸起上，而褐斑病没有凸起，病斑呈褐色。褐斑病病斑中心黄褐色，疮痂病病斑中心是灰白色斑点。

图83 疑似疮痂病的褐斑病叶片

【发病原因】 辣（甜）椒疮痂病是细菌性病害。病菌侵染幼苗、茎秆、叶片、幼果，从幼苗期至结果盛期均可感染疮痂病。病菌通过植株的输导组织韧皮部和髓部进行传导和扩展，病菌可在种子内、外和病残体上越冬，可以在土壤中存活2～3年。病菌主要从伤口侵入，包括整枝打杈时损伤的叶片、枝干和移栽时的幼根，也可从幼嫩的果实表皮直接侵入。由于种子可以带菌，其病菌远距离传播主要靠种子、种苗和鲜果的调运；近距离传播靠雨水和灌溉。保护地大水漫灌会使病害扩大蔓延，人工农事操作接触病菌、溅水也会传播。长时间结露和暴雨天气发病重。保护地、露地均可发生。

【救治方法】

农业措施： 清除病株和病残体并烧毁，病穴撒入石灰消毒，如图84。采用高垄栽培，如图85。避免带露水或潮湿条件下的整枝打杈等操作。

种子消毒： 55℃温水浸种30分钟，或70℃干热灭菌48～72小时，或每千克种子用硫酸链霉素200毫克浸种2小时。

药剂防治： 预防疮痂病初期可选用47%加瑞农可湿性粉剂800倍液，或77%可杀得可湿性粉剂500倍液，或27.12%铜高尚悬浮剂800

图84 拔除病株后病穴撒石灰消毒

图85 高垄栽培的辣椒

倍液喷施或灌根，或用细菌灵400倍液喷施。每667米^{2}用硫酸铜3～4千克撒施浇水处理土壤可以预防疮痂病。

◆ 青枯病

【典型症状】 辣（甜）椒青枯病是细菌性病害。主要为害叶片、幼嫩生长点，后期发展到整株萎蔫。感病时上部叶片颜色较浅（绿）萎蔫，并不明显表现病斑变色，如图86。萎蔫植株傍晚可恢复正常生长，但后期叶片变褐黄色，生长点枯死（自封顶），如图87。病茎纵剖开维管束变

图86 青枯病上部叶片颜色较浅（绿）萎蔫

图87 辣（甜）椒青枯病株生长点“自封顶式”枯死

图88 剖根保湿后维管束褐变阴湿

褐色，保湿后有菌脓流出，如图 88，这一点区别于枯萎病。由于维管束的病变致使整体植株呈萎蔫症状。

【疑似症状】 青枯病菌侵染辣（甜）椒后期茎秆变褐有纵形长病斑出现，但是均为黄褐色斑点，并没有菌脓。而图 89 所示的辣椒整株萎蔫却没有幼嫩生长点和枝茎枯死现象，也没有水浸状病斑和菌脓，观察其他拔出的病株（图 90）根部整体黑褐病变，所以确定为为害，而不是青枯性萎蔫。

图 89 疑似青枯病的辣椒疫病植株

图 90 疑似青枯病的辣椒疫病根部感病状

【发病原因】 病原菌为细菌，可在种子内、外和病残体上越冬。病菌主要从叶片或果的伤口侵入，借助飞溅水滴、棚膜水滴下落或结露。叶片吐水、农事操作、雨水、气流传播蔓延，进入植株体内靠维管束组织扩展，常造成导管堵塞和细胞中毒，这是叶片和植株萎蔫现象的根本原因。土温是发病的重要因素。适宜发病温度为 30～35℃，相对湿度 70%以上容易促使病害流行。大雨或连阴雨后骤晴、气温急剧升高、湿气热气蒸腾交织，病害发生严重。连作重茬、盐渍化土壤的地块或排水不良、钾肥不足及酸性土壤均有利于青枯病的发生与流行。

【救治方法】

选用耐病品种： 引用抗寒性强的杂交抗病品种。可选的品种如冀研 4 号、冀研 6 号、冀研 7 号等系列，引进品种红英达、新梦德、方舟等。

农业措施： 轮作倒茬，与瓜类或大田禾本科作物进行 5 年以上的轮作。改良土壤，对酸性土壤增施草木灰和石灰，每 667 米^2（1 亩）施 100～150 千克，使土壤呈微碱性或中性，抑制青枯病细菌的繁殖和发展。清除病株和病残体并烧毁，病穴撒入石灰消毒。采用高垄栽培，严格控制阴天、带露水或潮湿条件下的整枝绑蔓等农事操作。

改进育苗栽培技术： 提倡营养钵育苗，如图91，或营养块育苗，如图92，做到少伤根培育壮苗，提高抗病能力。

种子消毒： 温水浸种，55℃温水浸种30分钟或70℃干热灭菌72小时，或每千克种子用硫酸链霉素200毫克浸种2小时。

药剂防治： 预防细菌性病害初期可选用47%加瑞农可湿性粉剂800倍液，或77%可杀得可湿性粉剂500倍液，或14%络氨铜水剂300倍液，或27.12%铜高尚悬浮剂800倍液喷施或灌根。每667米^{2}用硫酸铜3～4千克撒施后浇水处理土壤可以预防细菌性病害。

图91　营养钵育苗方式

图92　营养块育苗方式

◆ 线虫病

【典型症状】 线虫病就是菜农俗称“根上长土豆”的病，如图93，主要为害植株根部或须根。根部受害后产生大小不等的瘤状根结，如图94，剖开根结感病部位会有很多细小的乳白色线虫埋藏其中。地上植株会因发病而生长衰弱，中午时分有不同程度的萎蔫现象，并逐渐枯黄。

【发病原因】 病原线虫生存在土壤5～30厘米的土层之中。以卵或幼虫随病残体遗留在土壤中越冬。借病土、病苗、灌溉水传播，可在土中存活1～3年。线虫在条件适宜时由寄生在须根上的瘤状物，即虫瘿或越冬卵，孵化形成幼虫后在土壤中移动到根尖，由根冠上方侵入定居在生长点内，其分

图 93 辣（甜）椒线虫病症状（黄琏 摄）

图94 感染线虫病的根系瘤状根结（黄琏 摄）

泌物刺激导管细胞膨胀，形成巨型细胞或虫瘿，称根结。田间土壤的温湿度是影响卵孵化和繁殖的重要条件。一般喜温蔬菜生长发育的环境也适合线虫的生存和为害。我国南方温湿环境有利于线虫发生为害。北方随着冬季设施蔬菜种植辣（甜）椒面积的扩大和种植时间的延长，给线虫越冬创造了很好的条件。连茬、重茬地种植棚室辣（甜）椒，线虫的发生有日益严重的趋势。越冬栽培辣（甜）椒的产区，茄科作物连作重茬，线虫病害发生普遍，已经严重影响了 冬季辣（甜）椒生产和效益。

【救治方法】

生态防治：①无虫土育苗，选大田土或没有病虫的土壤与不带病残体的腐熟有机肥以6∶4的比例混均每立方米营养土加入100毫升1.8%阿维菌素混均用于育苗。②棚室高温闷烤或水淹土壤灭菌。辣（甜）椒拉秧后的夏季，深翻土壤40～50厘米，每667米^{2}混入生石灰200千克，并随即加入松化物质秸秆500千克，挖沟浇大水漫灌后覆盖棚膜高温闷棚，15天后深翻地再次大水漫灌闷棚持续20～30天，可有效降低线虫病的为害。处理后的土壤栽培前应注意增施磷、钾肥和生物菌肥。

药剂防治：定植前每667米^{2}沟施10%福气多颗粒剂2.5～3千克，施后覆土、洒水封闭盖膜，1周后松土定植；或每667米^{2}沟施10%线丹颗粒剂3～4千克；或每667米^{2}用3%米乐尔颗粒剂3～5千克均匀施于定植沟穴内；或用40%辛硫磷乳油2千克+1.8%虫螨克星200克混施穴灌处理；或1%威克达+辛硫磷1千克穴灌。

三、辣（甜）椒生理性病害的诊断与救治

在蔬菜生产一线，菜农对生理性病害的认知非常模糊，生理性病害已经成为影响蔬菜生产的重要障碍。生理性病害发生所占病害发生比率正逐年提高，因误诊而错误用药产生的各种农药药害、肥害等现象普遍发生。又因多种农药混施造成的复合症状给诊断带来难度。我们以蔬菜生长的部位和症状相似来分类诊断。

◆ 土壤盐渍化障碍

【典型症状】 植株生长缓慢，矮化，叶色深绿，叶缘有浅褐色枯边现象，如图95，和脱水性萎蔫，如图96。

图95　土壤过量追肥造成的盐渍化烧根黄化

图96　盐渍化土壤造成的生长障碍性萎蔫

【发病原因】 在重茬、连茬、有机肥严重不足、大量施用化肥的种植地块经常发生辣（甜）椒营养不良的现象。长期施用化肥，会使土壤中的硝酸

盐逐年积累。由于肥料中的盐分不会或很少向下淋失，造成土壤中的盐分借毛细管水上升到表土层积聚，盐分的积聚使土壤根压过小，造成各种养分吸收输导困难，植株生长缓慢。因植株周围根压过小，土壤反而向植株索要水分造成局部水分倒流，同时保护地棚室或夏季露地中的温度高，水分蒸发量大，叶片因根压不足而吸水和养分不足，呈叶缘枯干，重症呈现盐渍化状态萎蔫或枯萎。

【救治方法】 增施有机肥，测土配方施肥，尽量不用容易增加土壤盐类浓度的化肥。氮肥过量的地块增施钾肥和动力生物菌肥，以求改变土壤通透气状况和盐性环境。

重症地块灌水洗盐，泡田淋失盐分。及时补充因流失造成的钙、镁等微量元素。

深翻土壤，增施腐熟秸秆松软性物质，加强土壤通透性和吸肥性能，这是改变盐渍化土壤的根本。

◆ 低温障碍

【症状】 辣（甜）椒植株根系发锈黄褐色，很少有新根和须根，老根有腐朽坏死现象，近根茎处有腐烂症，如图97。

图97 土壤长时间处于低温寒冷造成的锈根、根腐症

【发病原因】 辣（甜）椒是喜温作物，它在寒冷的环境里耐受程度是有限的。温度低于14℃时植株停止生长，当冬春季或秋冬季节栽培或育苗时，在遭遇寒冷，或长时间低温或霜冻时辣（甜）椒植株就会产生低温寒害症状。分苗、移栽浇水量过大、持续低温阴天、土壤积水通透气差，根系吸氧不足，发病重。

【救治方法】 ①选择耐寒、抗低温、抗弱光品种，如红英达、冀研6号等品种。②根据生育期确定低温保苗措施，避开寒冷天气移栽定植。③育苗注意保温，可采用加盖草毡、棚中棚加膜进行保温抗寒。④突遇霜寒，应采取临时加温措施，烧煤炉，或铺施地热线、土炕等。⑤定植后提倡全地膜覆盖，可有效地降低棚室湿度，进行膜下渗浇，小水勤浇，切忌大水漫灌，有利于保温排湿。⑥有条件的可安装滴灌设施，既可保温降湿还可有效地抑制病害发生。做到合理均衡的施肥浇水，是无公害蔬菜生产的必然趋势。⑦喷施抗寒剂，可选用3.4%康凯可湿性粉剂7 500倍液［1克药（1袋）加15千克水（1喷雾器也是1桶水，下同)］，或爱多收、保多收，或每桶水加50克红糖加磷酸二氢钾15克喷施。

◆ 日灼病

【典型症状】 日灼病又称日烧病。在高温强光条件下果实直接面向太阳处易受灼伤，如图98、图99，使辣（甜）椒的果面初期褪绿、失水，果肉变薄，继而病部凹陷果肉组织坏死呈浅灰白色，如图100。病部容易感染杂菌生出褐色霉层，重症时腐烂，如图101。

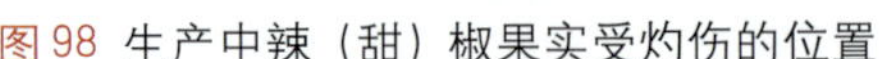

图98 生产中辣（甜）椒果实受灼伤的位置

图99 果实直接被强光照射受灼伤

图 100 日灼病的灰白色病斑果

图 101 感染杂菌的日灼病害果

【发病原因】 辣（甜）椒是喜温、中等光照的作物。过强的光照对辣（甜）椒生长发育不利，特别是高温、干旱、强光条件下，植株生长缓慢，密度相对稀疏，植株之间遮荫差，果实直接暴露在强光照下会造成日灼病斑果。

【救治方法】 ①选用抗高温或越夏耐热品种。②合理密植。③实行与玉米等高秆作物间作，保护地加盖遮荫网，可减少日灼病的发生。④增施磷、钾肥，促使果实发育。结果期注意及时浇水，避免干旱促大秧，尽早封垄。⑤及早防虫，避免因虫害引起落花落叶。

◆ 黄化

【症状】 辣（甜）椒植株整体发黄，如图 102，叶脉间叶肉有褪绿白化坏死现象，如图 103，或斑驳花叶现象。

【发病原因】 棚室栽培或夏秋种植的辣（甜）椒，在持续高温接近 38℃，地面温度更高时，植株叶片会因高温下有害气体熏蒸造成叶脉间叶肉褪绿黄化，形成黄色斑驳，叶片部分或整个叶片褪绿黄化。

【救治方法】 参照日灼病的救治方法。

图 102 因高温致使整株黄化的甜椒秧

图 103 高温造成的叶片叶肉褪绿白化症

◆ 脐腐病

【症状】 辣（甜）椒脐腐病又称蒂腐病。此病多发生在土壤板结、重茬、盐渍化重的地块，在幼果期开始发病，如图 104，果顶或侧面发病初期呈水浸状病斑，逐渐转化成暗褐色下陷，失水后收缩成皮囊状，如图 105。重症病斑因湿度大被杂菌侵染生有深褐色或深红色霉状物，果肉腐烂。脐腐有时可扩展到半个果面如图 106。

图 104 感染脐腐病的辣椒幼果

图 105 失水收缩皮囊化的脐腐果

【发病原因】 辣（甜）椒开花期前后，土壤忽干忽湿，气温忽高忽低，水分、气温变化剧烈，根系活力下降，钙吸收受到抑制，会造成钙缺乏。缺钙使细胞间膜破坏，细胞四分五裂，组织坏死。幼果最先呈现缺钙坏死症。过量加施氮肥和钾肥，也会抑制钙的吸收，造成脐腐病的发生。沙性土壤湿度变化大，肥易在土壤中流失也容易形成脐腐果。重症盐渍化土壤，土壤中盐的浓度过高造成根压吸收无力吸肥困难，也有利于脐腐发生。

图 106 扩展到侧面的脐腐果

【救治方法】 ①合理施肥浇水，杜绝干旱和大水漫灌。增施有机肥，增强土壤通透力。注意中耕松土，排水。②采用地膜覆盖技术保持土壤中均衡的水分供应。建议使用滴灌技术和营养钵或营养块育苗，避免幼苗根系受伤害。③移栽田间后不蹲苗，促大秧、大苗，尽早促使根系发达，增强植株吸水能力。④合理使用氮肥，防止徒长和土壤碱化。⑤花期前后，喷施1%过磷酸钙或0.1%氯化钙1～2次。

◆ 筋腐病

【症状】 病果果实上呈现畸形变色不规则褐色病斑，如图107，一般为褐色筋腐型条状不规则病斑，果实坚硬不腐烂。切开病果果肉内可见褐色坏死性筋腐条纹，如图108。果实因有病斑而着色不均匀，没有商品价值。

图 107 呈褐色病斑的筋腐病果（黄琏摄）

图 108 剖开病果可见褐色坏死性条斑（黄琏摄）

【发病原因】 筋腐病多发生在冬季低温弱光条件下植株徒长的栽培环境里。辣（甜）椒植株体内的碳水化合物不足，代谢失调，致使维管束木栓化。此病的发生多与栽培管理不良有关。过量施氮肥，造成缺钾、镁肥，使植株体内多项微量元素缺失，保护地大棚如果夜晚温度高，会造成碳水化合物的供给不足，造成碳水化合物的代谢与分布不均，糖分转化不均匀造成黑筋果、白化果、青斑果、透明玻璃斑果。施用未腐熟的肥料以及过度密植、小苗定植，苗弱、缓苗期长、生长慢的植株易患筋腐病。

【救治方法】

种植抗病品种： 可选抗、耐病品种，抗病毒病的品种。尽可能的轮作倒茬，缓解单一种植带来的营养失调症。

生态防治： 合理密植，增施有机肥和生物菌肥，配方施入氮、磷、钾肥和复合肥。开花坐果期应注意复合肥的施用，尤其是适量施入锌、镁、钙、铁等微量元素的复合肥是非常重要的，如螯合锌、螯合镁、螯合钙、螯合铁等。

图 109 引进品种稀植的栽培方式

冬季栽培的辣（甜）椒应该加强采光。引进品种注意稀植如图109。加强排水，高畦栽培。

◆ 氮（中毒）过剩症

【症状】 辣（甜）椒氮过剩症表现为植株组织柔软，叶片肥大，贪青徒长，叶色浓绿，如图110。顶端叶片卷曲，叶片易拧转，花芽分化和生长紊乱，易落花落果。营养育苗土加入过量的氮素会造成秧苗叶缘烧叶呈褐色枯边，或枯干死亡，如图111。

图110　辣（甜）椒氮过量顶端叶片拧转症

图111　营养土氮过量造成烧苗症状

【发病原因】　过量的氮肥施入，使氮肥转化成了氨基酸进而转化成生长素，刺激了植株幼叶的快速生长。连茬种植蔬菜唯恐施肥不足，而大量施入氮肥是造成氮过剩（中毒）的主要原因。营养育苗土加入过量的氮素会造成秧苗烧根中毒枯死现象。

【救治方法】　①测土施肥，多施有机肥，严格掌握化肥的施入量。秸秆还田，增强土壤的通透性，避免硝态氮的产生及中毒现象。②增加灌水，降低根系周围因氮过量引起的中毒现象。

◆ 缺镁症

【症状】　辣（甜）椒缺镁的典型症状是老叶片叶脉之间叶肉褪绿黄化，形成斑驳花叶，叶片发硬，叶缘稍向上卷翘，如图112，重症时会向上部叶片发展，逐渐黄化，直至枯干死亡。

图112　缺镁造成的叶肉黄化斑

【发病原因】　由于施氮肥的过

量造成土壤呈酸性，影响镁肥的吸收，或钙中毒造成碱性土壤也会影响镁的吸收，从而影响叶绿素的形成，造成叶肉黄化现象。低温时，氮、磷肥过量，有机肥的不足也是造成土壤缺镁的重要原因。

【救治方法】 增施有机肥，合理配施氮、磷肥，配方施肥非常重要，及时调试土壤酸碱度，改良土壤，避免低温，补镁的同时应该加补钾肥、锌肥。多施含镁、钾肥的厩肥。叶片可喷施1%～2%的硫酸镁和螯和镁、螯合锌等。

◆ 涝害

【症状】 土壤阶段性积水，淹没或部分淹没生长植株所造成危害是不可忽视的。蔬菜生产中自然水淹的现象不是很多，但人为的大水漫灌或定植后的大水浸泡，或遇雨积水，造成土壤过湿，则会发生湿害，如图113。它虽然对植株不构成死亡危害，但是它直接影响着蔬菜的发育，使其易感染病害，减产是不可避免的。涝害植株根系因水淹缺氧呼吸困难，生长发育受阻，根系弱小，根尖变黑，有烂根现象。地上植株叶片萎蔫，枯黄。

图113 大水浸泡造成的根腐病

【发病原因】 水涝对蔬菜的危害对根的影响最大。会使根的活力下降，因缺氧呼吸困难，使光合作用下降，二氧化碳扩散受到影响，二氧化碳的积聚促进无氧呼吸，削弱了植株本身的解毒能力，易发生毒害。水涝还可以造成多种元素的缺失，如锰、铁、锌的流失。

【救治方法】 高垄栽培，注意排水，如图114。设施蔬菜基地应合理灌溉，有条件的应该铺设滴灌设施，如图115。滴灌、喷灌、软管微灌、膜下渗灌均是简便易行的防湿害的好方法。涝害之后，注意及时排湿，适时追施速效肥料或根外追肥，让植株尽快恢复生长和增强抗逆能力，并及时观察预防病害发生，做到及时发现及时治疗。

图114 田间高垄栽培辣（甜）椒模式

图 115 滴灌设施栽培的甜椒

四、辣（甜）椒药害的诊断与救治

◆激素药害

【症状】 于辣（甜）椒开花期滥用保花药、壮秧灵使植株茎叶正常生长受到抑制，限制了叶肉细胞生长和伸长，表现为植株生长缓慢、紊乱，过早老化，幼苗生长受抑制，呈畸形状。如图116。

图116 保花药喷施到生长点和嫩叶上使植株生长紊乱

【药害原因】 辣(甜)椒生产中施用保花防落素、矮壮灵是常用的促进雌花分化和防止徒长的必要程序。常用的激素有防落素、比久、缩节胺、赤霉素等，使用时常常只注重使用浓度并盲目大剂量用药，希望有促进分化、壮秧的效果，忽略了适用生长阶段和过量后对植株的抑制以及其作用只针对植株某一部位的特点，往往对花蕾喷施保花药的同时，将药液喷施或使药液雾滴落到幼嫩的生长点和嫩叶上，造成抑制叶肉细胞生长的后果。并常被疑似为病毒病，也就是菜农经常误诊说的“小叶病”。在生产中一些菜农认为保花药或壮秧灵任何生长时期都可以使用，只要辣（甜）椒秧雌花见少，就可喷施一些坐果灵增加雌花数量。其实不然，辣（甜）椒的生长分发芽、幼苗、开花、结果四个时期。花器分化在幼苗期，在育苗阶段使用坐果灵可以有效地促进花器分化。过了分化期再用坐果灵，其促进分化的效果低微而抑制生长的作用则明显起来，使结果期的幼果生长受到抑制呈畸形状。另外，过量或不严格使用矮壮素或保花药剂、促壮素等激素在某种意义上控制了徒长、落花，但由于剂量过大，更多的则是限制了秧苗或植株的正常生长，使其老化、生长缓慢，并有生长紊乱现象发生。对症用药、单一用药，针对植株发生的病害和生长情况使用调节剂和杀菌剂是科学种菜的要求，但是有些菜农打药时图省事，打药时多种药剂混施，不顾秧苗是否需要一次性用下去，常常出现多种液肥、激素、农药混施后的对植株的毒害现象。

【救治方法】 ①尽量建立工厂化育苗体系，标准化育苗，标准化管理，如图117，采用育苗盘、营养钵育苗，如图118。加强水肥管理，标准化施肥浇水，力求秧苗生长势一致。②科学用药，预防为主，采用配方用药，处方化防治，争取主动性预防，降低病害的发生率。③掌握好激素用药时机，单一使用，目标准确，切忌随意增加或减少药剂浓度，精细管理。

图117 科学育苗盘

图118 营养钵育苗

◆ 施药药害

【症状】 施药药害症状大致有两种：①大剂量农药和劣质喷雾器跑冒滴漏，大水滴过量农药淋灌式喷药造成的烧苗，表现为叶缘黄化，叶片枯焦，如图 119。②喷雾器内残存生长调节剂或除草剂造成植株生长畸形。

图 119 过量农药淋灌式喷药造成的药害现象

【药害原因】 在蔬菜作物中辣（甜）椒对农药是比较敏感的，使用剂量应严格掌握，尤其是苗期的使用浓度和药液量更应该严格掌握。机械化喷施用药需要严格计算药量和掌握行进速度与着药量的相关性，并使雾滴均匀。不同的农药在不同的蔬菜作物上的使用剂量是经过科研部门严格试验示范后才进行推广应用的，我们施用时应尽量遵守农药包装袋上推荐使用的安全剂量。

【救治方法】 受害秧苗如果没有伤害到生长点，可以加强肥水管理促进快速生长。小范围的秧苗可尝试选用生长刺激素赤霉素喷施或施用康凯7 500倍液进行调节。生产中应尽量将杀菌剂和除草剂分成两个喷雾器进行操作，避免交叉药害的发生。

五、辣（甜）椒肥害的诊断与救治

◆ 肥害

【症状】 辣（甜）椒肥害症状有3种：①未腐熟肥造成的氨气中毒，产生叶脉间黄化或叶缘出现水浸状斑纹，或褪绿斑驳，如图120。②未腐熟有机肥或过量化肥烧根，表现为辣椒幼苗根系呈褐色，不长新根，植株萎蔫枯死，如图121。植株生长缓慢、叶片黄化，如图122。③叶面肥过量，使叶片僵化、变脆、扭曲、畸形，茎秆变粗，抑制生长。

【原因】 设施栽培的辣（甜）椒在移栽定植时有一个高温闷棚提温和生根促成活的过程，但是，如果仅仅注意棚室温度，忽视了基肥的腐熟程

图120 高温氨气熏蒸造成的叶脉间黄化斑纹

图121 营养土磷酸二铵超标引起的烧苗症

度，就会造成氨气中毒，表现为叶脉间或叶缘出现水浸状斑纹，从而呈现黄化斑驳症（图120）。在营养土（苗床土）的配制中，掺入未腐熟的有机肥如鸡粪干，或施入过量化肥，也会对幼苗造成烧灼为害。表现为秧苗根系呈褐色，不长新根，作物吸肥受阻，从而影响叶片和整个植株生长发育，叶片边缘因营养不足而脱肥黄化。

图122 未腐熟肥料烧根造成的秧苗黄化症

在生产中人们对叶面肥的认知不是很充分，一些人认为多施点没坏处，其实不然。有些不法厂商在叶面肥、冲施肥中加入对作物起刺激速效作用的激素类物质，剂量一多就会产生叶面肥害（有时是激素药害），表现为叶片僵化，变脆扭曲畸形，茎秆变粗，抑制了生长，造成微肥中毒。

【救治方法】 棚室栽培的辣（甜）椒，定植后一定注意棚室的通风透气。同时施入的底肥一定要腐熟，深施，不要露出地表，以免产生的氨气对叶片熏蒸造成肥害。配制育苗营养土时，应严格准确控制化肥的用量，不能估计用量，或尽量不用化肥作营养土的肥源，加足量腐熟好的有机肥配制即可。喷施叶面肥时，准确掌握剂量，做到合理施肥，配方施肥。夏季或高温季节追施化肥时，应尽量沟施，覆土，避开中午时间施肥。傍晚施肥及时浇水通风。有条件的棚室提倡滴灌施肥浇水技术，可有效避免高温烧叶和肥水不均。

六、辣（甜）椒各类易混淆病害图片对照比较识别

叶片黄化症状的综合比较

图 39　染病毒植株花叶症状

图 40　染病毒植株轻型斑驳花叶症

图 42　染病毒植株矮化症

图 47　一株多症病毒复合侵染现象

图87　辣（甜）椒青枯病株生长点"自封顶式"枯死

图95　土壤过量追肥造成的盐渍化烧根黄化

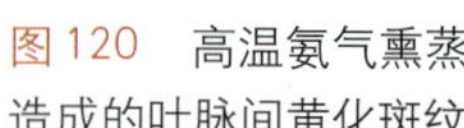

图120　高温氨气熏蒸造成的叶脉间黄化斑纹

图103　高温造成的叶片叶肉褪绿白化症

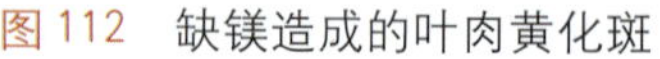

图112　缺镁造成的叶肉黄化斑

图119 过量农药淋灌式喷药造成的药害现象

图122 未腐熟肥料烧根造成的秧苗黄化症

植株萎蔫症状的区别比较

图 80　感染疮痂病植株上部呈萎蔫青枯状

图 96　盐渍化土壤造成的生长障碍性萎蔫

图 33　不规则的甜椒疫病症状，整株萎蔫

图 93　辣（甜）椒线虫病症状

图 87　辣（甜）椒青枯病株生长点“自封顶式”枯死

图 86　青枯病上部叶片颜色较浅（绿）萎蔫

病害果与缺素果症状的区别比较

图 31　感染疫病水浸状的辣椒果实

图 36　感染灰霉病幼果后期的灰霉层

图 46　病毒病果实畸形、坏死斑症

图 59　甜椒炭疽病病果呈黄褐色轮纹病斑

图 61　重症炭疽病病果黑褐色干枯

图 81　疮痂病病果隆起的白色圆点疱斑

图 99 果实直接被强光照射受灼伤

图 100 日灼病的灰白色病斑果

图101 感染杂菌的日灼病害果

图105 失水收缩皮囊化的脐腐果（黄琏摄）

图 107 呈褐色病斑的筋腐病果（黄琏摄）

根部病害症状的区别比较

图 18　染病椒苗茎基部黄褐色干枯呈线状

图 19　病茎变黑不折倒的猝倒病秧苗

图 26　辣（甜）椒疫病根基部呈黑褐色腐烂症状

图 28　湿度大时辣椒疫病感病部位表面长出少量稀疏白色霉层

图 88　辣（甜）椒青枯病剖根保湿后维管束褐变阴湿

图 90　辣（甜）椒疫病的根茎

图94　感染线虫病的根系瘤状根结

图97　土壤长时间处于低温寒冷造成的锈根、根腐症

图 71　辣（甜）椒菌核病茎秆病变褐色缢缩，长出白色絮状菌丝

七、辣（甜）椒虫害与防治

◆ 白粉虱

【为害状】 成虫或若虫群集嫩叶背面刺吸汁液，如图123，使叶片褪绿变黄，由于刺吸汁液造成汁液外溢诱发落在叶面上的杂菌形成霉斑，严重时霉层覆盖整个叶面及茎蔓上。霉污即是因白粉虱刺吸汁液诱发叶片产生的霉层。

图123 蚜虫、白粉虱复合为害状（黄琏摄）

【防治】

设置防虫网：阻止白粉虱飞入为害，图124为设置防虫网的大棚，图125为越夏育苗小拱棚防虫网。

图124 设置防虫网的大拱棚

药剂防治：穴灌施药（灌窝、灌根）用强内吸杀虫剂25%阿克泰水分散粒剂，在移栽前2～3天，以1 500～2 500倍液的浓度（1桶水加6～8克药）喷淋幼苗，使药液除叶片以外还要渗透到土壤中。平均每平方米苗床喷药液2克左右（即2克药／桶水喷淋100棵幼苗），如图126，持续有效期可达20～30天，有

图125 农户育苗用的小拱棚式防虫网

图126 苗期淋灌用药治虱治蚜

很好的防治粉虱类和蚜虫的效果。用此方法可以有效预防粉虱和蚜虫作为媒介传毒。

喷淋施药：可选用25%阿克泰水分散粒剂2 000～5 000倍液喷施或淋灌，15天1次，如图127，或25%扑虱灵可湿性粉剂800～1 000倍液与2.5%天王星乳油4 000倍液混用，或10%吡虫啉可湿性粉剂1 000倍液，或1.8%虫螨克乳油2 000倍液喷雾防治。

图127 农户淋灌施药模式

◆ 蚜虫

【为害状】 蚜虫以成虫和若虫刺吸嫩枝、茎、叶为害，会造成卷叶，植株生长畸形和辣椒果实发育不良，如图128。

【防治】 蚜虫是辣（甜）椒病毒病的传毒媒介，预防病毒病应该从防治蚜虫开始。及时清除棚室周围的杂草。经常查看作物上有无蚜虫，随有即防。

图128 蚜虫在甜椒上的为害状（黄琏摄）

银灰膜避蚜：铺设方法与地膜相同。

黄板诱蚜：就地取简易板材用黄漆刷板涂上机油，吊至棚中，30～50米^{2}挂一块诱蚜板。

天敌生物防治：保护地栽培可以放养丽蚜小蜂防治蚜虫。

药剂防治：可选用25%阿克泰水分散粒剂4 000～6 000倍液，或1%印楝素水剂800倍液，或48%乐斯本乳油3 000倍液，或2.5%功夫水剂1 500倍液，或10%吡虫啉可湿性粉剂1 000倍液喷施。

◆ 潜叶蝇

【为害状】 潜叶蝇在辣（甜）椒一生中均可为害。从子叶到生长各个时期的叶片，以幼虫潜入叶片，呈现针尖大的小斑点，如图129。斑潜蝇潜

图129 斑潜蝇潜入叶片时造成的小斑点（黄琏摄）

图130 布满潜叶蝇灰白色线状隧道的子叶

入叶片后，刮食叶肉，在叶片上留下弯弯曲曲的潜道，严重时叶片上布满灰白色线状隧道，如图130。

【防治】

设置防虫网：从根本上阻止潜叶蝇的进入（图124）。

黄板诱成虫：在棚中每30～50米^{2}放置一块黄板诱杀成虫。

药剂防治：用25%阿克泰水分散粒剂3 000倍液加2.5%功夫水剂1 500倍液混用喷施，或用48%乐斯本乳油1 000倍液，或用1.8%虫螨克星乳油2 000倍液喷施。

茶黄螨、红蜘蛛

【为害状】 茶黄螨成螨和幼螨群集作物幼嫩部位刺吸为害。受害植株叶片变窄、皱缩或扭曲畸形，严重时可以将生长点和嫩叶吃净，如图131。被吸食的枝、茎僵硬直立，重症植株常被误诊为病毒病。

图131 茶黄螨刺吸叶片使其皱缩扭曲（黄琏摄）

红蜘蛛为害辣（甜）椒，成、幼虫集中在幼嫩的部位刺吸汁液，尤其是还未展开的芽、幼叶、花蕾是主要为害部位，使辣（甜）椒生长点受害，不能正常生长。被刺吸叶片则呈现沙粒失绿状，如图132。重

图132 红蜘蛛刺吸叶片后呈现的沙粒状失绿

图133 红蜘蛛重度为害辣（甜）椒植株生长点枯死状

症则生长部位被吸干枯死，如图133。

【防治】 铲除越冬棚室周围的杂草，彻底清除枯枝落叶。茶黄螨生活周期较短，繁殖力强，应注意早期防治，可选用1.8%虫螨克星水剂2 000～3 000倍液，或20%达螨灵乳油1 500倍液，或2.5%天王星乳油3 000倍液，或57%克螨特乳油2 000倍液，或40%尼索朗乳油2 000倍液喷施。

◆ 烟青虫、棉铃虫

【为害状】 幼虫蛀食辣（甜）椒花、幼蕾和果实，致使落花落蕾、果实腐烂，如图134，也可咬食嫩叶，造成缺刻或被吃光。

【防治】

生态防治：早春或越冬前深翻土壤冻灭虫蛹，减少田间虫源。黑光灯、高压汞灯诱杀成虫，如图135。杨树枝条及性诱剂，诱杀成虫。保护地增设防虫网，避免成虫飞入，从源头上堵住为害。

药剂防治：卵孵化期注意连续用药。可选Bt（苏云金杆菌）乳油800倍液，或5%美除乳油1 000～1 500倍液，或2.5%菜喜悬浮剂1 000倍液，或52.5%农地乐乳油1 200倍液，或2.5%功夫水剂1 000倍液，或20%除虫脲悬浮剂600倍液，或0.5%抗蛾斯800倍液，或10%除尽1 500倍液，在早晨或傍晚幼虫钻出活动时喷施。

图134 烟青虫为害果实状（黄琏摄）

图135 烟青虫为害植株状（黄琏摄）

八、不同栽培季节辣（甜）椒一生病害防治大处方

◆ 早春保护地辣（甜）椒一生病害防治大处方（3～6月）

● 移栽田间缓苗后开始

第一步：喷75%达科宁可湿性粉剂一次，每袋药（100克）对3桶*水，10天1次。

第二步：喷75%达科宁可湿性粉剂一次，每袋药（100克）对3桶水，10天1次。

第三步：喷25%阿米西达悬浮剂一次，每袋药（10毫升）对1桶水，15～20天1次。

第四步：喷40%施佳乐悬浮剂一次，每瓶药／（100毫升）对4桶水，7～10天1次。

第五步：喷25%阿米西达悬浮剂一次，每袋药（10毫升）对1桶水，15天1次。

第六步：喷25%阿米西达悬浮剂一次，每袋药（10毫升）对1桶水，15～20天1次。

第七步：喷68%金雷水分散粒剂一次，30克药对1桶水，7天1次。

第八步：喷75%达科宁可湿性粉剂一次，每袋药（100克）对3桶水，无病时直至收获，7～10天1次。

细菌性病害因天气而异，掌握棚室湿度和天气动态，及时调整加入防治细菌病害农药，一般连阴天最好单独使用防治细菌性病害药剂，晴天不必防治。

---

* 1桶水即1喷雾器水，为15升（30斤）。

◆ 秋季辣（甜）椒一生病害防治大处方（7～10月）

● 移栽田间缓苗后开始

第一步：喷75%达科宁可湿性粉剂一次，每袋药（100克）对3桶水，7～10天1次。

第二步：喷25%阿米西达悬浮剂一次，每袋药（10毫升）对1桶水，15天次。

第三步：喷10%世高水分散粒剂一次，每袋药（10克）对1桶水，7天1次。

第四步：喷25%阿米西达悬浮剂一次，每袋药（10毫升）对1桶水，15天1次。

第五步：喷10%世高水分散粒剂5克+68%金雷水分散粒剂30克对1桶水，7天1次。

第六步：喷25%阿米西达悬浮剂一次，每袋药（10毫升）对1桶水，15天1次。

第六步：喷10%世高水分散粒剂一次，每袋药（10克）对1桶水，10天1次。

第七步：喷75%达科宁可湿性粉剂，每袋药（100克）对3桶水，7～20天1次直至收获。

注意：连续阴天，请及时防治细菌性病害。

◆ 越冬辣（甜）椒一生病害防治大处方（11～5月）

● 移栽田间缓苗后开始

第一步：喷75%达科宁可湿性粉剂连续二次，每袋药（100克）对3桶水，7～10天1次。

第二步：喷10%世高水分散粒剂一次，每袋药（10克）对1桶水，10天1次。

第三步：喷25%阿米西达悬浮剂一次，每袋药（10毫升）对1桶水，20天1次。

第四步：喷68%金雷水分散粒剂一次，每袋药（100克）对3桶水，10天1次。

第五步：喷25%阿米西达悬浮剂一次，每袋药（10毫升）对1桶水，25天1次。

第六步：喷2.5%适乐时悬浮剂10毫升对1桶水，或40%施佳乐悬浮剂800倍液，10天1次。

第七步：喷75%达科宁可湿性粉剂二次，每袋药（100克）对3桶水，10天1次（如果没有病害发生可持续用75%达科宁）。

第八步：喷25%阿米西达悬浮剂一次，每袋药（10毫升）对1桶水，25天1次。

第九步：喷68%金雷水分散粒剂一次，每袋药（100克）对3桶水，7～10天1次。

第十步：喷25%阿米西达悬浮剂一次，每袋药（10毫升）对1桶水，20天1次。

第十一步：喷75%达科宁可湿性粉剂，每袋药（100克）对3桶水，7天1次，直至收获。

连续阴雨天请注意加入防治细菌性病害的药剂。

◆ 露地（制种田）辣（甜）椒一生病害防治大处方（4～9月）

● 移栽田间缓苗后开始（一般定植后7～15天，依气候而定）

第一步：喷75%达科宁可湿性粉剂连续喷二次，每袋药（100克）对3桶水，10天1次。

第二步：喷70%甲基托布津可湿性粉剂一次，每袋药（100克）对3桶水，10天1次。

第三步：喷25%阿米西达悬浮剂一次，每袋药（10毫升）对1桶水，15～20天1次。

第四步：喷68%金雷水分散粒剂一次，600倍液〔每袋药（100克）对3桶水〕，7～10天1次。

第五步：喷72%克抗灵可湿性粉剂一次，600倍液〔每袋药（100克）对3桶水〕，7～10天1次。

第六步：喷25%阿米西达悬浮剂一次，每袋药（10毫升）对1桶水，15天1次。

第七步：喷25%阿米西达悬浮剂一次，每袋药（10毫升）对1桶水，15天1次。

第八步：喷10%世高水分散粒剂一次，每袋药（10克）对1桶水，7～10天1次。

第九步：喷68%金雷水分散粒剂一次，600倍液［每袋药（100克）对3桶水］，7天1次。

第十步：喷75%达科宁可湿性粉剂，每袋药（100克）对3桶水，与大生交替喷施，10天1次，直至收获。

◆ 蔬菜种子包衣防病处方

用2.5%适乐时悬浮种衣剂10毫升+35%金普隆乳化种衣剂2毫升，对水150～200毫升包衣4千克种子，可有效防治苗期立枯、炭疽、猝倒病害发生。或50℃温水浸种20分钟，或75%达科宁可湿性粉剂500倍液浸泡30分钟后冲洗干净催芽播种。

◆ 苗床土消毒处方

取没有种过蔬菜的大田土与腐熟的有机肥按6：4混均，并按100千克苗床土加入杀菌剂68%金雷水分散粒剂20克和2.5%适乐时悬浮剂10毫升拌土一起过筛混匀。用这样的土壤装营养钵或铺在育苗畦上。可以避免苗期立枯病、炭疽病和猝倒病的为害，还可以用2.5%适乐时悬浮剂+68%金雷水分散粒剂配制好的300～500倍液在播种前喷洒苗床表面，然后把种子播在含药的土壤中，有较好的预防苗期病害的作用。

◆ 苗期灌根防治蚜虫、白粉虱等传毒媒介新技术

用强内吸性杀虫剂25%阿克泰水分散粒剂，在移栽前2～3天，1 500～2 500倍（1桶水加6～8克阿克泰）喷淋幼苗，使药液除叶片以外还要渗透

到土壤中。平均每平方米苗床喷药液2升左右（或2克药／桶水喷淋100棵幼苗）持效期可达20～30天，有很好的防治蚜虫、白粉虱和预防媒介害虫传播病毒病的作用。

病害防治大处方技术指导下的丰收景象

九、辣（甜）椒病虫害年度防治历

月份	易发病虫害	防治措施	栽培方式	防治用药
1	土传病害猝倒病、立枯病、菌核病	土壤消毒	早春育苗	50千克苗床土加20克68%金雷水分散粒剂和10毫升2.5%适乐时悬浮剂拌土过筛混均可装营养钵，或铺育苗畦上
	疮痂病、细菌性角斑病	喷施用药	越冬栽培	77%可杀得可湿性粉剂600倍液、细菌灵、47%加瑞农可湿性粉剂500倍液
	寒害、猝倒病	保暖、除湿	越冬栽培、育苗	磷酸二氢钾＋红糖喷施抗寒，68%金雷水分散粒剂600倍液淋灌，68.75%易保600倍液、25%阿米西达悬浮剂1 500倍液、康凯7 500倍液喷施
2	灰霉病	蘸花用药、喷施	越冬栽培	2～3千克蘸花液+10毫升2.5%适乐时悬浮剂混均蘸花，50%利霉康可湿性粉剂800倍液、45%特克多悬浮剂1 200倍液、40%施佳乐悬浮剂1 200倍液、50%农利灵干悬浮剂600倍液、50%扑海因可湿性粉剂600倍液
	猝倒病、疫腐病、茎基腐病	苗盘浸盘，土壤表层药剂处理，药剂淋灌	早春育苗、越冬辣（甜）椒	68%金雷水分散粒剂600倍液浸盘或淋灌，72%克抗灵可湿性粉剂800倍液、69%安克可湿性粉剂600倍液喷施

（续）

月份	易发病虫害	防治措施	栽培方式	防治用药
	细菌性角斑病、冷害、寒害、灰霉病	降湿，苗期预防为主	越冬栽培 早春栽培	25% 阿米西达悬浮剂 1 500 倍液、10% 世高水分散粒剂 1 000 倍液、70% 品润干悬浮剂 600 倍液、75% 达科宁可湿性粉剂 600 倍液、80% 大生可湿性粉剂 500 倍液、40% 施佳乐悬浮剂 1 200 倍液、45% 特克多悬浮剂 1 000 倍液、50% 农利灵干悬浮剂 600 倍液
3	蚜虫、白粉虱	灌根，喷雾，清除杂草，加防虫网	越冬栽培 春季栽培	25% 阿克泰水分散粒剂 2 000～4 000 倍液、10% 吡虫啉可湿性粉剂 1 000 倍液、2.5% 功夫水剂 1 000 倍液淋湿秧苗或喷雾
	猝倒病、疫病、黑星病、炭疽病	早期预防，整体方案，喷施用药		25% 阿米西达悬浮剂 1 500 倍液、68% 金雷水分散粒剂 600 倍液、69% 安克可湿性粉剂 600 倍液、10% 世高水分散粒剂 1 000 倍液、70% 品润干悬浮剂 600 倍液、75% 达科宁可湿性粉剂 600 倍液、50% 利霉康可湿性粉剂 600 倍液、40% 施佳乐悬浮剂 1 200 倍液、45% 特克多悬浮剂 1 000 倍液、50% 农利灵 600 倍液
4	疫病、炭疽病、白粉病、病毒病	喷施	春季、越冬、冷拱棚	25% 阿米西达悬浮剂 1 500 倍液、60% 金雷水分散粒剂 600 倍液、10% 世高水分散粒剂 1 000 倍液、70% 品润干悬浮剂 600 倍液、75% 达科宁可湿性粉剂 600 倍液、80% 大生可湿性粉剂

（续）

月份	易发病虫害	防治措施	栽培方式	防治用药
				500倍液、50%利霉康可湿性粉剂600倍液、50%农利灵干悬浮剂600倍液、72%抗灵可湿性粉剂800倍液
	疫病、炭疽病	喷施	春季栽培大棚栽培	25%阿米西达悬浮剂1 500倍液、68%金雷水分散粒剂600倍液、10%世高水分散粒剂1 000倍液、72%克抗灵可湿性粉剂600倍液、50%利霉康可湿性粉剂、百德富800倍液、霜霉疫净600倍液等
	蚜虫、白粉虱	喷淋		25%阿克泰水分散粒剂2 000～3 000倍液、10%吡虫啉可湿性粉剂1 000倍液
5	疫病炭疽病	喷施	春季栽培大棚栽培	25%阿米西达悬浮剂1 500倍液、10%世高水分散粒剂800倍液、68%金雷水分散粒剂600倍液、72%克抗灵可湿性粉剂700倍液、69%安克可湿性粉剂600倍液、加收米500倍液、80%大生可湿性粉剂500倍液
	细菌性角斑	菜田随水用药		27.12%铜高尚悬浮剂600倍液、细菌灵400倍液、77%可杀得可湿性粉剂500倍液、每667米^2 2～3千克硫酸铜随水用药
	枯萎病蔓枯病		灌根	萎菌净500倍液、70%甲基托布津可湿性粉剂600倍液
6	疫病、褐斑病、叶斑病	喷施	春季栽培大棚栽培露地栽培	25%阿米西达悬浮剂1 500倍液、72%克抗灵可湿性粉剂600倍液、10%世高水分散粒剂1 000倍液、75%达科宁可湿性粉剂

（续）

月份	易发病虫害	防治措施	栽培方式	防治用药
				600倍液、70%品润干悬浮剂600倍液、加收米500倍液
	疮痂病	菜田随水用药	春季栽培 大棚栽培 露地栽培	77%可杀得可湿性粉剂500倍液、47%加瑞农可湿性粉剂500倍液、细菌灵，每667米^{2}2～3千克硫酸铜随水用药
	蚜虫、茶黄螨	喷施	大棚栽培 露地栽培	25%阿克泰水分散粒剂3 000倍液、阿维菌素2 000倍液
	青枯病	喷施	大棚栽培 露地栽培	77%可杀得可湿性粉剂500倍液、47%加瑞农可湿性粉剂500倍液、细菌灵400倍液
	日灼病	遮阴、套种、间作		加遮阴网，加强中耕、培育壮秧
	病毒病	治蚜		
7	炭疽病	喷施	大棚栽培 露地栽培	10%世高水分散粒剂800倍液、加收米500倍液、25%阿米西达悬浮剂1 500倍液、50%利霉康可湿性粉剂600倍液、多霉清600倍液
	茎基腐病	淋灌，浸盘，遮阴	秋季育苗	68%金雷水分散粒剂600倍液淋灌或浸盘
	病毒病	防治蚜虫 培育壮秧		25%阿克泰干悬浮剂2 000～3 000倍液、10%吡虫啉可湿性粉剂1 000倍剂
8	茎基腐病	淋灌、喷施	秋季栽培	68%金雷水分散粒剂600倍液、72%克抗灵可湿性粉剂800倍液、69%安克可湿性粉剂600倍液
	青枯病		秋季栽培	细菌灵400倍液、加收米500倍液、77%可杀得可湿性粉剂600倍液、47%加瑞农可湿性粉剂500

（续）

月份	易发病虫害	防治措施	栽培方式	防治用药
				倍液、27.12%铜高尚悬浮剂500倍液
	疫病 叶斑病		秋季栽培	25%阿米西达悬浮剂1 500倍液、75%达科宁可湿性粉剂600倍液、80%大生可湿性粉剂500倍液、10%世高水分散粒剂800倍液、70%品润干悬浮剂600倍液
	病毒病	加强肥水管理		
9	疫病	喷施	秋季栽培	25%阿米西达悬浮剂1500倍液、68%金雷水分散粒剂600倍液、72%克抗灵可湿性粉剂600倍液、69%安克可湿性粉剂600倍液、霜疫清700倍液
	疮痂病			10%世高水分散粒剂800倍液、加收米500倍液、70%品润干悬浮剂600倍液
	炭疽病			75%达科宁可湿性粉剂600倍液、80%大生可湿性粉剂500倍液、10%世高水分散粒剂1 000倍液
	蚜虫、白粉虱			25%阿克泰水分散粒剂2 000～3 000倍液、10%吡虫啉可湿性粉剂1 000倍液
10	白粉病	喷施	秋季栽培	10%世高水分散粒剂800倍液、加收米500倍液、70%品润干悬浮剂600倍液
	疫病	喷施	秋延后大棚	25%阿米西达悬浮剂1 500倍液、68%金雷水分散粒剂600倍液、72%克抗灵可湿性粉剂600倍液、69%安克可湿性粉剂600倍液、霜疫清700倍液

（续）

月份	易发病虫害	防治措施	栽培方式	防治用药
	白粉虱、茶黄螨	喷施	秋延后大棚	阿维菌素2 000倍液、25%阿克泰水分散粒剂2 000～3 000倍液、10%吡虫啉可湿性粉剂1 000倍液
11	茎基腐病	淋施	越冬移栽	72%克抗灵可湿性粉剂600倍液、69%安克可湿性粉剂600倍液、68%金雷水分散粒剂600倍液
	白粉病	喷施		25%阿米西达悬浮剂1 500倍液、10%世高水分散粒剂1 200倍液、75%达科宁可湿性粉剂600倍液、80%大生可湿性粉剂500倍液
	细菌性斑点病			47%加瑞农可湿性粉剂400倍液、77%可杀得可湿性粉剂500倍液、27.12%铜高尚悬浮剂500倍液
	白斑病			75%达科宁可湿性粉剂600倍液、80%大生可湿性粉剂500倍液、70%品润干悬浮剂600倍液
12	灰霉病	喷施	越冬栽培	40%施佳乐悬浮剂1 200倍液、45%特克多悬浮剂1 000倍液、速克灵800倍液、扑海因600倍液
	细菌性斑点病	晴天整枝，土壤加施硫酸铜		77%可杀得可湿性粉剂600倍液、47%加瑞农可湿性粉剂500倍液、27.12%铜高尚悬浮剂500倍液
				康凯7 500倍液、25%阿米西达悬浮剂1 500倍液、农利灵600倍液、适乐时1 500倍液、速克灵800倍液
	寒害	保温、驱湿、喷药		康凯7 500倍，红糖50克加磷酸二氢钾15克加1桶水

十、辣（甜）椒缺素症补救措施一览表

生理症状	原因	对策和防治	施用剂量及调节药剂
缺氮素（N）	施肥不足，土质流失	增施有机肥，叶面喷施尿素	0.3%～0.5%尿素或含氮复合肥
氮过剩（N）	肥水管理不当，过度施用氮肥	加施磷、钾肥，增加灌水，淋施硝态氮	
缺磷素（P）	在酸性土壤中镁易被固定影响磷吸收	补施磷肥，加施镁肥	磷酸二氢钾 0.3%～0.5%
磷过剩（P）	土壤中的磷只能被吸收 20%～30%，过量施用磷肥	补施锌、锰、铁及氮钾肥	螯合锌、螯合镁、螯合铁等
缺钾素（K）	黏质和沙性土壤，钾易被固定	补施钙、镁，施磷酸二氢钾	0.3% 磷酸二氢钾、螯合镁
钾中毒（K）	抑制了镁吸收	流水灌溉，施镁肥	康培营养素、绿芬威等、螯合镁
缺钙（Ca）	酸性土壤，化肥田、盐渍化土壤	调节pH，施石灰粉，叶面喷肥，秸秆还田	0.3% 氯化钙液、康培营养素、螯合钙
钙中毒（Ca）	土壤碱性，各种元素都缺	使用酸性肥料，增加灌水次数	硫酸氨、硫酸钾、氯化钾
缺镁（Mg）	酸性土壤，钾过量，阳离子易被固定	土壤改良，叶面喷施补镁	1%～2% 硫酸镁液、康培营养素、螯合镁
镁中毒（Mg）	土壤盐渍化，镁被固定	除盐、浇水。下茬种高粱	

（续）

生理症状	原因	对策和防治	施用剂量及调节药剂
缺硼（B）	有机肥少，碱性大，降低了硼的吸收	增施有机肥，补硼	0.1%～0.25%硼砂或硼砂液
硼中毒（B）	工厂污染，硼肥过量	灌大水，种耐硼蔬菜番茄、甘蓝、萝卜	
缺铁（Fe）	碱性、盐性土壤。土壤过干、过湿、低温	改良土壤，雨后排水，补铁，叶面施肥	0.1%～0.2%硫酸亚铁或氯化铁液、螯合铁
铁中毒（Fe）	人为施铁过量	增施钾肥，提高根的活性	康培营养素、绿芬威等
缺锰（Mn）	酸性、盐类土壤	补施锰肥，氧化锰、硫酸锰叶施	0.1%～0.3%硫酸锰液或0.1%氯化锰
锰中毒（Mn）	污染、淹水、酸性土	施石灰质肥料，增施磷肥，高畦栽培	0.02%钼酸钠液
缺钼（Mo）	锰多钼缺，酸性土，铁多土壤偏酸	加石灰质肥料，补钼，叶施	0.02%钼酸钠液、康培营养素
钼中毒（Mo）	“三废”土壤污染	适当补给硫酸亚铁肥	康培营养素
缺锌（Zn）	高碱性土，磷肥过多	调节pH6.5，补锌，土施、叶施	0.3%硫酸锌或康培营养素
锌中毒（Zn）	环境污染、土壤酸性	增施有机肥，改良土壤，换土移动	
缺铜（Cu）	土壤有机质多活性铜被吸附或螯合	叶施0.2%～0.4%硫酸铜液	加施含铜农药如波尔多液等
铜中毒（Cu）	污染、人为施铜过量，土壤碱化	施绿肥，增施铁、锰、锌肥	康培营养素
缺硫（S）	长期施用无硫酸根的肥料	施用硫酸氨、硫酸钾等含硫化肥	康培营养素2号
硫中毒（S）	含硫肥料施用过多，工业区酸雨影响	按盐化土壤处理，改良土壤	

图书在版编目（CIP）数据

辣（甜）椒疑难杂症图片对照诊断与处方／孙茜主编．北京：中国农业出版社，2006.7（2014.10 重印）
（无公害蔬菜病虫害防治实战丛书）
ISBN 978-7-109-10930-8

Ⅰ．辣… Ⅱ．孙… Ⅲ．辣椒－无污染技术－病虫害防治方法 Ⅳ．S436.418

中国版本图书馆 CIP 数据核字（2006）第 060269 号

中国农业出版社出版
（北京市朝阳区农展馆北路 2 号）
（邮政编码 100125）
责任编辑　张洪光

中国农业出版社印刷厂印刷　　新华书店北京发行所发行
2006 年 7 月第 1 版　　2014 年 10 月北京第 5 次印刷

开本：880mm × 1230mm　1/32　　印张：2.75
字数：30 千字　　印数：34 001 ~ 37 000 册
定价：15.00 元